A GLOBAL GEOGRAPHY BOOK CHILDREN

写给孩子的环球地理书

★让孩子脑洞大开的奇趣地理科普书★

和继军 / 编著

WONDERFUL LAND

奇妙的陆地

（二）

航空工业出版社

内容提要

《写给孩子的环球地理书·奇妙的陆地》以陆地为主题，主要讲述世界范围内陆地奇特的地貌类型及其成因、分布等。世界地形、地貌复杂多样，本书将带领孩子们认识世界各地缤纷多彩的地貌形态。

图书在版编目（CIP）数据

奇妙的陆地 ：全2册 / 和继军编著. -- 北京 ：航空工业出版社，2021.6
（写给孩子的环球地理书）
ISBN 978-7-5165-2537-1

Ⅰ. ①奇… Ⅱ. ①和… Ⅲ. ①地貌－世界－青少年读物 Ⅳ. ① P931-49

中国版本图书馆 CIP 数据核字（2021）第 084203 号

奇妙的陆地：全2册
Qimiao De Ludi

航空工业出版社出版发行
（北京市朝阳区京顺路5号曙光大厦C座四层　100028）
发行部电话：010-85672688　010-85672689

北京楠萍印刷有限公司印刷　　全国各地新华书店经售
2021年6月第1版　　2021年6月第1次印刷
开本：787×1092　1/16　　字数：45千字
印张：6.25　　定价：218.00元（全6册）

震撼人心的中国地貌

中国国土面积辽阔，地形类型千姿百态，同时也拥有丰富多样的地貌类型，本章我们就来介绍一些中国比较典型的地貌类型：雅丹地貌、丹霞地貌、沙漠地貌、喀斯特地貌、火山地貌、冰川地貌和流水地貌。

风魔王的鬼斧神工

雅丹、龙城、魔鬼城等特殊地貌类型都是风神的杰作，雅丹地貌是一种典型的风蚀性地貌。由于风的磨蚀作用，形成与盛行风向平行、相间排列的风蚀土墩和风蚀凹地。这种地貌在新疆发育最为典型，甘肃、青海等地皆有分布。

雄伟壮丽的大漠奇石——新疆五堡魔鬼城

五堡魔鬼城位于新疆哈密市五堡乡以南 20 千米处，距离哈密市约 100 千米。它神秘莫测，不禁让人感慨大自然造物的神奇。

西域第一魔鬼城

五堡魔鬼城占地 3000 平方千米，由 9 个小魔鬼城组成，号称“西域第一魔鬼城”。远远望去，有一片金黄色的城池，若隐若现，比较有名的景点是“瀚海神龟”。

瀚海神龟与活龟相像，不但形似而且神似，它扬着头像是在倾诉着什么。相传在很久很久以前，这只兴风作浪的千年恶龟，修炼了一身妖术。它不但把当地百姓赖以生存的湖水吸干，还召集了一群蝗虫祸害农民的庄稼。百姓很无奈，于是给王母娘娘烧香拜佛。王母听说后勃然大怒，派天兵将它缉拿住，并把它钉在了这里。从那以后，它把头高高抬起望着天空，像是在祈求宽恕。

神秘的千年古堡

魔鬼城内的景象姿态万千，有的像殿堂，有的像佛塔，有的像蘑菇，还有的像飞禽，形态各异。与魔鬼城相连的还有一座古堡，叫艾斯克霞尔古堡。它距今已有三千年历史了，是一座具有欧洲建筑风格的城堡，在它附近还有很多古墓葬群。根本无法将它与雅丹地貌分清楚，因为二者已经融合在了一起。城下可见散落在地上的陶片、石器。

这座城堡的历史无从查清，但很明显有人类居住已久的痕迹，至于城内的人去了何处，目前还是个谜。当地人将其视为圣地，流传着许多鬼怪出没的传说。

知识链接

哈密市五堡魔鬼城中，“圣殿”“城堡”“金字塔”等造型千姿百态、惟妙惟肖，是一座神秘的迷宫。这里的雅丹地貌是迄今为止世界上发现的规模最大、地质形态发育最成熟、最具观赏价值、唯一发现曾经有人居住的古驿站的雅丹地貌群落。

惟妙惟肖的岩石造型——新疆奇台魔鬼城

在奇台将军戈壁，有一处独特的雅丹地貌——诺敏风城“魔鬼城”。魔鬼城深藏于大漠戈壁之中。从规模上来说，它不及乌尔禾魔鬼城，但论酷似城堡的程度，乌尔禾魔鬼城要逊色许多。

戈壁上奇异魔鬼

奇台魔鬼城的面积约 80 平方千米，是典型的雅丹地貌。每当夜间风起时，城内就会发出阴森恐怖的声音，听起来好像魔鬼的嚎叫。魔鬼城内有许多活灵活现的岩石造型，如阿拉伯的清真寺、柬埔寨的吴哥窟、西藏的布达拉宫等。还有的

像农妇晚归、壮士观天、和尚念经、八戒睡觉、黄牛耕耘、熊猫打站、鲤鱼出水、猴子守山。这些似人似物的造型，全都惟妙惟肖。

其实，这种地貌是由三叠系、侏罗系、白垩系的各色沉积岩组成的，经过雨水的冲刷和风力的切割，天长日久就形成了这样绚丽多彩、姿态万千的自然景观。

趣味故事

将军戈壁的将军

将军戈壁是一个既神奇又迷人的地方。相传，古代有位将军，率领军队追讨盗匪，不幸在戈壁上迷了路，结果粮断水绝，全军尽丧于此，这片戈壁便由此而得名。后来，人们在将军殉难的地方建了一座庙宇，取名“将军庙”。现在将军庙已经倒塌，但它却作为一个地名而被流传下来。

魔鬼城里的“建筑奇观”

奇台魔鬼城最像城的部分是一座一平方

千米的小山，山的四周千奇百怪，极像一个古代的城堡，岩层错落有致，酷似一排排门窗。最奇的还是它的左侧，耸立着一大一小既像古塔又像门楼的巨大岩石，那种酷似人工建筑的逼真程度叫人叹为观止。

尤其是那个“城楼”，它的神奇还在于它会随时间的推移而变幻。当早晨太阳从东方升起的时候，远望城楼，它就像一对披着晨光的武士，忠诚地守护着城堡的安宁；当黄昏降临时，皓月当空，它仿佛一个老爷爷，正在讲述一个古老的故事。

最瑰丽的雅丹——新疆乌尔禾魔鬼城

在新疆有多处魔鬼城，大多处于戈壁荒滩之中，它们是各类风蚀地貌形态的组合，宛如中世纪西方的城堡，造型各异，高低错落，充满了神秘色彩。其中乌尔禾魔鬼城堪称一绝，有“最瑰丽的雅丹”之称。

世界最瑰丽的雅丹

在新疆克拉玛依市东北100多千米的乌尔禾镇北，有一处自然奇观，这就是乌尔禾魔鬼城。只见方圆几十千米的戈壁荒滩中，突然出现了数不清的暗黄色或者暗红色的土丘、垄岗，它们高低不等，纵横交错在一起，俨然一座宏伟的古城堡建筑群，非常壮观。在起伏的山坡地上，遍布着血红、湛蓝、洁白、橙黄的

知识链接

乌尔禾魔鬼城景致独特，吸引了许多热爱摄影的艺术家。此外，它还被许多电影选为外景地，比较知名的有《七剑》《卧虎藏龙》《天地英雄》《冰山上的来客》等。现在，人们圈出了一片景观最集中的区域，叫作“世界魔鬼城”，还设置了路标，也在拍过电影的地方做出了标志，供游客游览。

各色石子，仿佛魔女遗珠，更增添了几许神秘色彩。

蒙古语称这里是“苏鲁木哈克”，哈萨克语称为“沙依坦克尔西”，意思都是“魔鬼出没的地方”。最有趣的是，当月黑风高之夜，狂风席卷着沙石在土丘中穿行，发出鬼哭狼嚎般的声音，令人不禁想起面目狰狞的魔鬼，感到这是魔鬼居住的地方。因此，当地人把这里称为“魔鬼城”。

从湖泊到“魔鬼”的嬗变

乌尔禾魔鬼城是世界上最具代表性的雅丹地貌景区，是雅丹地貌的典型地质奇观。因为这里正对着一个峡谷风口，在流水侵蚀和风沙冲击的共同作用下，形成了如此奇特的地貌。据科学研究，大约在 1 亿年前的白垩纪，这里曾是一个巨大的湖泊，水里生活着乌尔禾剑龙、蛇头龙和准噶尔翼龙等远古动物。后来，经过两次地壳运动，湖水消失了，湖底升起成为陆地，地理学上称为“戈壁台地”。又过了数千万年，这些湖底山、礁石经历阳光、风雨，逐渐成了陆地上活的“雕塑”，也就是今天的魔鬼城。

需要说明的是，在没有狂风的状态下，魔鬼城就像一个废弃的古城，置身其中，仿佛回到了一个苍凉古老的年代。

沙海中游弋的白龙——新疆白龙堆雅丹

白龙堆雅丹又称为龙城雅丹，被《中国国家地理》杂志评选为中国最美的三大雅丹之一。它被誉为“最神秘的雅丹”，因为极少有人见过它的真貌。

罗布泊的著名雅丹

白龙堆雅丹，位于新疆若羌县北部，罗布泊的东北面。因为这里的土台群

▲新疆乌尔禾魔鬼城

皆为东西走向，成长条土台，远看为游龙，故被称为龙城。它是罗布泊三大雅丹群之一，也是赫赫有名的罗布泊景观之一。

这里的雅丹是怎么来的？白龙堆是第四纪湖积层抬升形成的砾质土丘地貌，由于水蚀和风蚀作用，形成东北至西南走向的长条状土丘群，绵延近百千米，横卧在罗布泊地区的东北部。由于白龙堆的土台由砂砾、石膏泥和盐碱构成，呈灰白色，有阳光时还会反射点点银光，似鳞甲一般，所以古人称这片雅丹群为“白龙”。从远处望去，它就像一群群白龙，首尾相衔、气势壮观。

神秘而恐怖的白龙堆

白龙堆雅丹具有典型性，大多呈现为沿风向延伸的土丘背垄或沟槽，形态变化多端，奇伟壮阔。这里还有古城、古墓葬与烽燧，更增添了神秘的色彩。

据研究，古丝绸之路进入罗布泊的中道就从白龙堆中穿过，一直到唐代仍有商人从这里经过。历史书上经常提及白龙堆，但常把它描绘成有鬼怪出没的十分险恶的区域。直到今日，白龙堆仍然是一处非常危险的无人区。这里气候炎热，环境相当恶劣，途经此地的人一般给养已用去大部分，如果再遇上数天沙暴，人就会被困住，不是饿死就是渴死。所以每年 6 ~ 8 月份，一般人不会进入此地区。

一个五色斑斓的世界——新疆五彩湾雅丹

在新疆戈壁荒漠中有一个五色斑斓的世界，它就是以怪诞、神秘、壮美而著称的五彩湾。五彩湾雅丹以五彩缤纷著称于世。

让人害怕的“死亡之谷”

五彩湾也称“五彩城”，位于准噶尔盆地东南部广大的沙漠地带，以五彩缤纷

▲新疆五彩湾雅丹

知识链接

据专家介绍，白龙堆雅丹顶部的高度在910米左右，这里原是古罗布泊的湖底，后来水面退却，湖底变为平坦的陆地。也就是说，登上一座座雄伟突兀的雅丹，我们看到的只不过是4000年前的古罗布泊湖底的湖盆。

号称新疆最美的雅丹。它过去一直不为人知，传说进得去出不来，被当地人称为“死亡之谷”。直到20世纪80年代，它才被石油工人发现，很快被世人所知。其实，五彩城完全是大自然的佳作。早在侏罗纪时代，这里沉积了很厚的煤层，由于地壳运动，地表凸起，那些煤层随之露出地表，在雷电和阳光的长时间作用下，煤层大面积燃烧，形成了烧结岩堆积的大大小小的山丘。这些山丘以赭红、乳白、青黛、橙黄、灰绿等色调为主，在后期水流与风的侵蚀下，形成了今天的五彩湾。

五彩缤纷的雅丹世界

现在这里已成为多彩多姿的地貌风景地。它表现出红、黄、灰、青、黑、白等多种色彩构成的五彩峰丘，形成了造型各异、五彩缤纷的地貌奇观，有的似城堡，有的像宫殿，或蜿蜒如巨蟒，或玲珑似宝塔。一座座高达数米的五彩山冈竖立其中，整个造型就像一个身穿彩衣、向东而视的安静美人。其旁另有一峰，宛如少女，和其浑然一色，相偎相依，就像在渴盼着远归的亲人。置身其中，就好像走在一个庞大的帝国，这些独特的景象会让人难以置信，同时又被大自然折服。

移动的沙丘——新疆三垄沙雅丹

三垄沙雅丹位于新疆玉门关以西的戈壁荒漠中，以独特的大漠风光、地质奇观著称。它是一条横亘于罗布湖东部地区的流动沙丘带，一直受东北风的影响，随时游动，被称为“戈壁中的移动舰队”。

独特的大漠风光

三垄沙雅丹为沙漠平原区，拥有充足的光照，全年多风，最大风力可达12级以上，降雨量少，蒸发量大。

三垄沙雅丹是怎样形成的？其实，它属于古罗布泊的一部分，位于距今6500万年前敦煌—疏勒河断陷盆地的中心部位。这里的岩石形成于约70万年前，为砂泥质沉积物。它的颜色呈灰色、灰绿色和土黄色。这是由于远古的盆地中心层理水平，边缘的层理交错，局部还保存着许多虫迹化石，显示着古代河流和湖泊的特征。后来在大自然漫长的风化中，导致了各种雅丹地貌的形成。

戈壁中的移动舰队

三垄沙雅丹群东西长约10千米，南北宽约10千米，面积约100平方千米，是主要由风蚀作用形成的雅丹地貌景观。比较有名的有“蒙古包”“骆驼”“石鸟”“石人”“石佛”“石马”等，形态万千、栩栩如生。它宛如一座中世纪的古城，世界上许多著名的建筑都可以在这里找到影子。

这里的土丘主要为浅棕色泥岩和砂岩互层。它的丘体高大，结构多由沉积层黄土组成，排列整齐，远远望去像是停泊在戈壁中的一列列舰队。在早、午、晚太阳光线的作用下，会产生不同的色彩，无比奇幻。

知识链接

五彩湾不但风光雄奇，而且拥有一座天然的巨大宝藏。这里储藏着丰富的石油和大量的金、珍珠、玛瑙、石英、铁、铝、锌等20多种矿产。在沙漠植被地带，还栖居着野驴、石鸡等珍禽异兽。

戈壁中神秘的“鬼域”——甘肃布隆吉雅丹

布隆吉雅丹分布在甘肃省瓜州县。这些造型迥异、错落有致的风蚀滩地，为典型的雅丹地貌奇观，也是风头最劲的雅丹。

强劲风头的造化

雅丹是最典型的风蚀地貌之一，是风力长期强烈侵蚀黏土质地面而引起的地质变化，也是一种粘土质地面的沙漠化过程。山丘峰林和其间的低洼处，都是依东西方向，互相平行地排列着。而布隆吉雅丹，就是风力侵蚀最好的印证。

布隆吉一带由于千万年的风吹日晒，使地表平坦的砂岩矗立起高低参差的土丘峰林。其间夹杂着无数高低参差、形态怪异的土岗土丘。从个别丘体上具有的流线型外貌，就可以看出风头的强劲。雅丹地貌真实地反映了气流运行状况，是气流运行形成的立体画面。

瓜州的自然奇观

布隆吉雅丹俗称“人头疙瘩”，位于瓜州县布隆吉乡北 3 千米的疏勒河北岸，分布在长约 9 千米的狭长地带上，是甘肃省瓜州县的自然奇观，是现今世界上保存较好的风蚀地貌之一。只见在褐色的地面上，矗立起高低错落的土丘峰林。有的如人头疙瘩，有的如狮身人面像，又有的如云朵，如蘑菇，如金字塔，如烽燧排列，如千驼奔走，又似鬼域魔城。人行其间，恍入千年荒冢之中。

在瓜州县的雅丹地貌，有数十处之多，现在只有布隆吉雅丹形成了景观。它已被载入《中国名胜大辞典》，吸引越来越多的人前来观赏。

色彩斑斓　地质极品

丹霞地貌在我国分布广泛，约有 1000 余处，远看好似浸染的红霞，万山红遍、气势磅礴，近看色彩斑斓、造型奇特，景色相当奇丽。峭壁、洞穴、红岩是其最主要的特征。

灿若明霞的赤壁丹崖——广东丹霞山

丹霞山是地质学“丹霞地貌”的命名地，以其造型奇特的地质地貌而名满天下，被誉为“中国红石公园”，现已被正式列入《世界遗产名录》。

知识链接

丹霞山风景独特，至今还留有许多美丽的传说。据说，现在的坤元山（又称地母岭、睡美人），就是女娲在造人补天休息时留下的形骸。此外，山下的河里盛产五彩锦石，传说是女娲补天时散落的石子，这也让丹霞山富有了神秘色彩。

景色最美的丹霞地貌

丹霞山位于中国广东省韶关市境内，是以红色砂砾构成，以红色的岩石、山崖为特色的独特地貌。地质学上以丹霞山为名，将同类地貌命名为“丹霞地貌”。在所有的丹霞地貌中，丹霞山发育最典型、类型最齐全、形态最丰富、风景最优美。

在连绵的红色山群中，有不计其数的大小石峰、石堡、石墙、石桥，高低错落，形态各异。最具特色的要数这里的山峰，它们大多顶部平坦，一面或几面是接近直立的绝壁，绝壁对面是平缓的山麓。站在峭壁面前，只见几百米高的石壁宛如一根根擎天柱，既雄伟又壮观，令人叹为观止。

大自然的鬼斧神工

丹霞地貌是如何形成的？它是地壳运动的产物，是大自然鬼斧神工的佳作。

在1亿多年前，这里还是内陆盆地，四周的岩石破碎后堆积在盆地中。当时这一地区非常炎热，还十分干旱，岩石中的物质被氧化了，进而呈现出红的铁锈色。经过大约3000万年的风雨洗礼，盆地中的沉积物形成了砂岩、砾岩。后来，由于地壳运动，这里上升为山区，同时流水下切侵蚀，丹霞红层被切割成一片红色山群，就形成了现在的丹霞山区。

山丹水绿灵性十足——江西龙虎山

龙虎山位于江西省鹰潭市西南20千米处的贵溪县境内。东汉中叶，正一道创始人张道陵曾在此炼丹，传说“丹成而龙虎现，山因得名”。2010年，龙虎山（龟峰）因独特的丹霞地貌被列入《世界遗产名录》。

道教第一仙境

龙虎山原名云锦山，是独秀江南的秀水灵山，为中国道教发祥地，道教正一派“祖庭”。这里群峰绵延数十里，为象鼻山一支脉西行所致。共有99峰、24岩、108个自然人文景观、20余处神井丹池和流泉飞瀑，景观面积达200平方千米左右。公元89年，张良第九世玄孙张道陵携弟子从鄱阳湖溯流而上，见到绿水红崖，犹如人间仙境，便在这里炼九天神丹。“丹成而龙虎见，山因得名”。张道陵在此精诚修道，创立道教。龙虎山以源远流长的道教文化，位居道教名山之首，被誉为道教第一仙境。

这里的主要景观有上清宫、正一观、无蚊村、仙女岩、象鼻山、天门山、仙水岩、天师府、上清古镇等。其中，天师府被誉为“中国道教祖庭”“龙虎山中宰相之家”，其建筑恢宏，显示出道教宫观建筑的独特风格。

色彩斑斓的丹霞地貌

龙虎山由红色砂砾岩构成，形成了赤壁丹崖的“丹霞地貌”。这里奇峰秀

知识链接

仙女岩为龙虎山的一处著名自然景观，是华夏唯一、域外无双的奇中之奇。这一绝佳之景，深藏于泸溪河畔的曲径通幽处，坐南朝北，有数十丈高，其形态真实，被称为“大地之母，万灵之源”。

▲江西龙虎山

出，千姿百态。最为出色的当属泸溪河，它像一条玉带由南向北流过，周边的山水景色宛若仙境，令人流连忘返。象鼻山位于泸溪河东侧，与清可见底的河水齐头并进。这里一座巨大逼真的天然石象立于山中，硕大的象鼻仿佛从天而降，又深深扎入大地，栩栩如生、灵性十足，被世人称为“天下第一神象”。

象鼻山游览区是龙虎山国家地质公园的一个重要组成部分。区内红流飞跃，赤壁四立，藤萝倒挂，瀑布斜飞，极具奇、险、秀、美、幽之景观特点和姿态万千特征，是难得的一处丹霞地貌。

纯净的人间无蚊村

龙虎山有一处自然奇观，这里的一处村落以无蚊远近闻名，它就是位于泸溪河东岸仙水岩景区的许家村。许家村共有 50 来户人家，共计 200 余人，据记载是东晋道士许真君的后裔。历来依靠打鱼、种田为生，村中人多长寿，所以又有长寿村之名。该村依山傍水，风景秀丽，村内树木茂盛，村前波浪起伏，舟楫穿行其间，冬暖夏凉，气候温和。奇怪的是这里竟然没有蚊子，所以又被称为“无蚊村”。

这个村子里为何没有蚊子？一种说法认为，该村地理位置特殊，三面环山，一面临水；另一种说法认为，该村周围种植了大量的有驱蚊功效的桉树；第三种说法认为，距村庄不远处的山洞里有成千上万只蝙蝠，一到夜晚便进村捕食蚊虫；第四种说法认为，与这里流传的“张天师驱蚊孝母”有关。不过，直到现在这还是一个未解之谜。

碧水丹山甲东南——福建武夷山

武夷山位于福建省西北的武夷山市，景区面积约 70 平方千米。这里自然风光独树一帜，尤其以“丹霞地貌”著称于世。1999 年 12 月，武夷山被联合国教科文组织列入《世界遗产名录》。

绝妙的自然景观

武夷山具有独特、罕见、绝美的自然景观。这里是典型的丹霞地貌，大自然亿万年的巧夺天工，形成了奇峰挺拔、秀水回旋、绿水朱峰、风光绝妙的美景，被誉为“奇秀甲东南”。

这里山川景色变化万千，秀丽多彩。区内分为武夷宫、九曲溪、桃源洞、云窝天游、虎啸岩、天心岩、水帘洞七大景区。其中，九曲溪自然风光独树一

知识链接

武夷山保存着大量完好无损、各种各样的林带，是中国亚热带森林最大且最具有代表性的例证。这里保存着很多中国独有的古老珍稀的植物物种。还生存着大量爬行类、两栖类和昆虫类动物。

帜。它发源于武夷山森林茂密的西部，水量充足，清可见底，全长 62.8 千米，两岸是典型的单斜丹霞地貌，分布着 36 奇峰、99 岩，气势磅礴，千姿百态，造就了“石头上长树”的奇景，构成了罕见的自然景观。

一座历史文化名山

玉女峰是武夷山最迷人的山峰，天姿绝色，层层峰影，倒映水中，宛如绘画。这些绝美的风光也让武夷山兼有黄山之奇、桂林之秀、泰岱之雄、华岳之险、西湖之美。

此外，武夷山还是一座历史文化名山，古人称:“东周孔丘，南宋朱熹，北有泰岳，南有武夷。”南宋理学家朱熹在此居住了四十多年，聚徒讲学，著书立说，使这里成为我国东南文化的中心，被誉为“道南理窟”。道家也把这里称为“第十六洞天”。历代文人雅士在此写下的赞美诗文 2000 多篇，题镌摩崖石刻有 400 余处。这些丰富的人文史迹，也为名山增添了风采。

峡谷幽深红崖飞瀑——贵州赤水丹霞

赤水丹霞位于贵州省赤水市境内，属于青年早期的丹霞，是中国面积最大、发育最美丽壮观的丹霞地貌。2010 年，它作为“中国丹霞”系列之一，被联合国教科文组织列入《世界遗产名录》。

知识链接

“中国丹霞”世界自然遗产地由贵州赤水、福建泰宁、湖南崀山、广东丹霞山、江西龙虎山、浙江江郎山6个省的6个地域组成，代表中国丹霞由青年期到壮年期、老年期的不同地貌发育阶段，构成了一个完整的演化系列。2010年8月2日，它被联合国教科文组织批准列入《世界遗产名录》。

中国丹霞之冠

赤水丹霞处于中国最大的丹霞分布区，是青藏高原在地壳运动中快速隆升影响下，贵州高原和四川盆地差异性抬升与外力综合作用的产物。它不只是单一丹霞地貌，而是结合了瀑布、湿地、翠林等其他自然景色。比如赤水十丈洞瀑布，就是丹霞与瀑布的结合，这里原始、壮观、大气，被誉为“丹霞第一瀑”。另一个最明显的景区是燕子岩，这里有数十米高的红色赤壁，让人不禁感叹是大自然的神奇之作。我国著名的丹霞地貌专家黄进教授考察后，得出“赤水丹霞地貌面积大，发育成熟典型，壮观美丽，位列中国丹霞之冠”的结论。

丰富的丹霞之地

除了艳丽鲜红的丹霞赤壁，以及优美的丹霞峡谷与绿色森林，这里还拥有众多的古生物化石，是目前最大的古生物博物馆。在这里的地层中，含有较为丰富的介形虫、瓣鳃、叶肢介、鱼、鳖等古生物化石，真实记录了在侏罗纪和白垩纪时期，生活在巴蜀、古湖南周边地区的生物种类。尤其是与恐龙同时代的“活化石”——桫椤，其分布面积之广、原生性之强、保护之好，在世界范围内都是极其罕见的。

这里森林覆盖率超过90%，被称为“绿色丹霞”。而大面积古植被以及大量动植物和珍稀濒危动植物一起，成为赤水丹霞最独特的特征。

层理交错灿烂夺目——甘肃张掖丹霞

张掖丹霞地貌是中国丹霞地貌发育最大最好、地貌造型最丰富的地区之一。2005 年，它被《中国国家地理》杂志评为“中国最美的七大丹霞地貌”之一。

气势磅礴的丹霞地貌

张掖丹霞地貌主要分为遥相应和的南北两大群块。北群位于张掖市北侧合黎山脉，主要以红白和赭红色为主色调。南群以肃南裕固族自治县白银乡为中心。南群丹霞地貌地势相对险要，以层理延绵、纹理清晰而称奇。

这里的丹霞地貌气势磅礴，场面壮观。纵目丹霞地貌群，怪石嶙峋，变幻莫测，似物似景，堡状、锥状、塔状，似人、似物、似鸟、似兽，形象迥异，惟妙惟肖，组合有序，如“万古今城”，似千年石堡，真可谓“横看成岭侧成峰，远近高低各不同”。仿佛都是雕塑大师的艺术杰作，全部都出自大自然的鬼斧神工。

造型独特的张掖丹霞

丹霞之美是一种毫无雕饰感的自然美。在这里，丹霞地貌表现为峰林结构，其山石高下错落，疏密相间，群峰林立，组合有序，富有层次感。它的山崖，远看似被染过的朱红色彩霞，近看则色彩缤纷，许多悬崖峭壁，像刀削斧劈，景色相当雄奇。赤壁丹崖受流水作用或有机物质的累积沉淀，被染成青黑色、暗褐色、朱红色，把山丘装点得多彩迷人，形成一个彩色的童话世界。

知识链接

张掖临泽倪家营南台子村的彩色丹霞地貌景区，是中国丹霞地貌景观中的佳作，以层级参差交错、岩壁高峻、气势壮阔、姿态丰富、色彩缤纷而称奇，有七彩峡、七彩塔、七彩屏、七彩练、七彩湖、七彩大扇贝、火海、刀山等奇妙景观。

▲甘肃张掖丹霞

因风而起　沙动成流

我们知道沙漠地区多集中在干旱缺水、植物稀少、气候干燥的荒芜地区。我国沙漠主要分布在西北干旱区，那里占我国沙漠总面积的80%，中国是世界上沙漠最多的国家之一。

“进去出不来”的沙漠——新疆塔克拉玛干沙漠

在世界各大沙漠中，塔克拉玛干沙漠是最神秘、最具有迷惑力的一个，是中国最大的沙漠，也是世界上第二大流动性沙漠。

曾经的茫茫大海

关于塔克拉玛干沙漠的由来，有一个有趣的故事。相传很久以前，人们渴望能引来天山和昆仑山上的雪水，以浇灌干旱的塔里木盆地。一位慈善的神仙有两件宝贝：一件是金斧子，一件是金钥匙。神仙被人们的真心感动，把金斧子交给了哈萨克族人，将阿尔泰山劈开，引来了清凉的雪水。他把金钥匙交给了维吾尔族人，来打开塔里木盆地的宝库，可是金钥匙被神仙的小女儿玛格萨弄丢了，

知识链接

在塔克拉玛干沙漠，流沙占总面积的85%，这让它成为世界上第二大流动性沙漠。它的流动沙丘面积很大，高度一般在100～200米，最高达300米左右。沙丘类型多样，其中最有名的沙丘叫“圣墓山”。圣墓山是沉积岩露出地面形成的，主要成分是红砂岩和白石膏，看上去红白分明。

此后盆地中央就变成了塔克拉玛干沙漠。当然，这只是一个传说，不足为信。

研究发现，这里在几十亿年前还是一片广阔的海洋。然而，随着地壳运动的发生，海水慢慢退却，这里变成了盆地。又过了数千万年，由于喜马拉雅造山运动的波及和影响，盆地周围山体急剧抬升，河流广泛发育，将山区风化剥蚀物搬运到盆地中心，奠定了今天广阔的塔克拉玛干沙漠。所以说，在地球漫长的数十亿年间，塔克拉玛干经历了从大海到沙漠的沧桑巨变。

神秘的死亡之海

塔克拉玛干沙漠位于中国新疆的塔里木盆地中央，是中国最大的沙漠，它

广阔如海，东西长1000余千米，南北宽400多千米，总面积达33万平方千米，相当于新西兰那么大。当地人一向知道它是一个危险的地区。“塔克拉玛干”在维吾尔族语中的意思就是“进去了就别想出来”。

沙漠里遍地黄沙，动植物很难生存。白天，这里赤日炎炎，黄沙滚烫，地表温度最高达80℃。在这里，只有胡杨、怪柳等沙漠植物和一些沙漠动物能够顽强地生存下来。

变化多端的沙漠气候

不要以为沙漠气候干燥，荒无人烟，就没有气候变化。其实，在塔克拉玛干沙漠中，天气现象也是丰富多彩的。这里不仅有日升日落、朝霞、夕阳、煦煦和风、狂烈风暴等自然景色，也可以见到湿润地区特有的雾、雹、露、霜、雪等种种天气现象。首先来说，雾是由于水汽凝结而产生的，而实际上干燥无比的塔克拉玛干一样有大雾天出现。在塔克拉玛干沙漠，一年中平均下雾天就有3.5天。值得一提的是，有学者认为，冰雹在极端干旱的沙漠区是不可能出现的，然而这里也有，大小跟蚕豆差不多。

在沙漠腹地，一年中有近10天的雷暴日，有长达140 ~ 230天的霜日，甚至有两天降雪日，积雪深1 ~ 5厘米。看到一望无际的大漠一派银装素裹，你不得不佩服自然的神奇魅力。

世界上唯一与城市相连的沙漠——新疆库姆塔格沙漠

库姆塔格沙漠面积达2万多平方千米，是中国第六大沙漠。这里的沙丘复杂多样，都是流动沙丘，是世界上少见的分布有“羽毛状沙丘”的沙漠地带。远近闻名的鸣沙山、楼兰古城就在这里。

中国第六大沙漠

库姆塔格沙漠位于新疆南部东端、甘肃河西走廊西端，西邻罗布泊，向东和甘肃敦煌、玉门接壤。

这里气候极端干燥，干沙层厚重，沙漠腹地很少有植被分布，是中国西北干旱区自然条件极为严酷的沙漠。它的形成，主要是受天山山脉和青藏高原的影响。天山是南疆和北疆分界线，天山山脉的阻挡使得只有当西部或北部暖湿气流极为强盛时，才会有少量水汽到达沙漠上空形成降水，以致库姆塔格沙漠内部的气候极为干燥。

知识链接

罗布泊曾是我国第二大咸水湖，西起塔里木河下游，东至河西走廊，是一块面积达3000多平方千米的水域。公元13世纪左右，流入罗布泊的水量大幅减少，湖泊面积不断缩小，一直延续到近代，罗布泊面积也缩小了好多。原先碧波浩渺、鸟兽栖息的好地方，以及罗布人繁衍生息赖以生存的生命之源，慢慢地走向消亡。

世界奇观——鸣沙山

在库姆塔格沙漠，有举世闻名的鸣沙山。它位于敦煌城南约5千米处，东起莫高窟崖顶，西接党河水库，整个山体由黄沙积聚而成。之所以命名为鸣沙山，是因为在刮起狂风时，沙山会发出巨大的声响，微风徐来时，又似管弦丝竹。鸣沙山有两个奇异之处：人如果从山顶往下滑，脚下的沙子会发出呜呜的响声；白天人们爬沙山留下的脚印，竟然会在第二天痕迹全无。

在鸣沙山的环抱之中，有一处沙漠奇观，这就是月牙泉。月牙泉面积不大，平均水深3米左右，水质清冽甘甜，水清如镜，因它的形状宛如一弯新月而得名。鸣沙山和月牙泉是大漠戈壁中的一对孪生姐妹。千百年来沙山环泉而不被掩盖，地处干旱沙漠而泉水不浊不涸，实属罕见，被誉为“塞外风光之一绝”。

美丽的楼兰古城

在库姆塔格沙漠里曾有一个美丽的城邦——楼兰古城。楼兰是我国汉代西域一个强大的部族，他们居住在新疆塔克拉玛干大沙漠的东部、罗布泊的西北边。公元前108年，楼兰臣服了汉朝，并向汉朝进贡，后来成为汉朝的心腹之患。

楼兰人的首都就是楼兰古城。现在，我们还可以看到一些民居遗址，民居的一些用具、佛塔、古墓群。一小佛塔上的彩绘虽然经过了千百年，如今依然可以辨识。可是，在以后的几百年里，楼兰国突然消失了，留下了许多未解谜团。

1900年，瑞典人斯文·赫定和他的维吾尔族向导再次发现了它。

沙山、湖泊、胡杨林共存——内蒙古巴丹吉林沙漠

巴丹吉林沙漠以沙丘高大、壮观而著称。最高的沙山相对高度达500多米，是目前发现的世界最高沙山。

沙漠里的最高峰

巴丹吉林沙漠位于内蒙古自治区西部阿拉善盟境内，总面积4.7万平方千米，是中国第三、世界第四大沙漠。这里以流动沙丘为主，流沙面积仅次于新疆的塔克拉玛干沙漠。值得一提的是，沙漠中部是高度为200～300米的形态复杂的高大沙山。最高沙峰为必鲁图峰，其海拔1617米，相对高度500多米，是世界上最高的沙山，比撒哈拉大沙漠最高峰还高70多米，有“沙漠珠穆朗玛峰”之称。

丰富的湖泊资源

巴丹吉林沙漠不仅有众多沙山，沙间湖泊更是一绝。湖水清透碧蓝，这种特殊的沙漠景观堪称沙漠中的极品，在世界上也是少有的。据介绍，在沙漠腹地高大的沙山间分布有140余个湖泊，在当地被称为“海子”。这里的湖水像镶嵌在大漠里的珍珠一般闪烁，大多为咸水湖。

让人难以想象的是，咸水湖里喷出的水十分甘甜。在海子的四周是沼泽化草甸和盐生草甸，也是沙漠中重要的牧场和居民点。沙丘的背风处，在沙丘的底部、湖岸边、泉水旁，生长着乔木、灌木和草本植物，有芦苇、芨芨草、梭梭、柠条、霸王、籽蒿、胡杨、骆驼刺等。

▲内蒙古巴丹吉林沙漠

千奇百怪　美轮美奂

中国是世界上喀斯特地貌分布面积最大、类型最齐全的国家。中国几乎每个省区都有喀斯特地貌的分布，但主要分布于广西、云南、贵州、湖南等省区。由于喀斯特地貌具有令世人称奇的多样形态，因此具有喀斯特地貌的地区每年都吸引全国乃至世界的摄影爱好者前来拍照取景。

奇异的岩溶博物馆——贵州织金洞

织金洞位于我国贵州省西部毕节地区，是一个景观壮丽、沉积物种类丰富的天然洞穴，也是中国目前发现的一座规模宏伟、造型奇异的洞穴资源库，拥有40多种岩溶堆积形态，被称为“岩溶博物馆”。

奇异的地下宫殿

织金洞原名打鸡洞，相传是苗族杀鸡祭神的地方。它的洞口在织金县的一个半山腰上，高约 15 米，宽约 20 米。虽说洞口不起眼，可里面却藏有一片广阔的天地。最宽处 175 米，最高处 150 多米，相当于 50 层楼的高度。宽阔的大厅里景色万千，有的地方平坦如原野，有的地方耸起一座座高峰。在高峰之间，还有湖有河，形成了一个奇异的地下世界。

这座宏伟的地下宫殿有 12 个大厅和 47 个小厅，面积最大的“十万大山”厅，面积约 7 万平方米，相当于 10 个足球场那么大。全洞容积达 500 万立方米，空间广阔，有上、中、下三层，洞内有 40 多种岩溶堆积物，如石笋、石柱、石塔、石花等，各种造型奇特的石柱、石幔、石花等，组成了奇特景观，身处其间有如进入神话中的奇幻世界。

藏在深山人未识

根据织金洞内部不同的景观和特点，分为迎宾厅、讲经堂、雪香宫、寿星宫、广寒宫、灵霄殿、十万大山、塔林洞、金鼠宫、望山湖、水乡泽国等景区，共 150 多个景点。在洞内，全长 12.1 千米的大小通道，宛如一条五彩路，蜿蜒坎坷，那些裸露着的赤红、碧绿、淡紫、青灰、褐黄的岩溶，在光线的折射下，呈现出绚烂的花纹。

以前，这块秀丽多彩的地方从未引起人们的注意，直到 1984 年《贵州溶洞

知识链接

织金洞内有美不胜收的钟乳石，大的有数十丈，小的如嫩竹笋，姿态万千。还有晶莹剔透、洁如冰花的卷曲石。在织金洞众多奇石中，最惹人注目的是“卷曲石”。它纤弱玲珑、通透明亮，细微之处如水中的细草。然而，卷曲石周边的水，滴落在地上，发出钢珠落地般清脆的声响，真是神奇。

奇观》摄影展览在北京举办以后，“织金洞”这带着贵州泥土芳香的名字，便与它美的形象、美的色彩、美的遐想和无穷的科学奥秘连接在一起了。之后，织金洞为越来越多的人所熟知，引起了广泛的关注。从洞的体积和堆积物的高度上讲，它比一直誉冠全球的溶洞大国、南斯拉夫等欧洲国家的溶洞要大两三倍。

地下惊世藏宝窟

洞中最壮观的景区，群峰连绵，滴石变幻万千，有奇妙的“金鸡独立”“螺旋树”“白玉宫”等景观，都是地球漫长演化过程中留下的瑰宝。

广寒宫是织金洞中规模最大的景区之一，总面积5万多平方米。由于洞厅高阔，岩溶堆积得到充分发育，形成一座座十几米高的“山峰”。有的高峻如削，有的连绵相接，有的花团锦簇，有的枝叶扶疏。“山峰”之间为开阔的平川，布满沼泽，山水景色优美壮观。景区中央一株“梭椤树”拔地而起，直冲霄汉，抵达洞顶，“树”身上石灵芝层叠，又称为“灵芝山”。被誉为国宝的“银雨树”，是一株非常罕见的开花状半透明乳白色晶体，高17米，竖立在直径2.4米的白玉盘中，小巧玲珑，当世无双。

地下艺术宫殿——重庆芙蓉洞

重庆武隆县风光秀丽，有许多自然奇观，其中就有芙蓉洞。芙蓉洞位于重庆武隆县江口镇4千米处的芙蓉江畔，被称为“世界奇观，一级洞穴景点”“一座地下艺术宫殿和洞穴科学博物馆”。

120万年前的自然造化

芙蓉洞是一个大型石灰岩洞穴，属喀斯特地貌，形成于120多万年前。它的

▲重庆芙蓉洞

主洞长 2700 米，宽高基本在 30 米至 50 米之间，面积近 4 万平方米，其中辉煌大厅面积为 1.1 万平方米。洞内景观雄壮美丽，已发现的钟乳石类有 20 多种类型，包括世界各类洞穴 30 余个种类的沉积特征。这些石乳分布范围广泛，质地纯洁干净，形态完美，在国内实属少见。尤其是正在形成中的池中珊瑚状和犬牙状方解石晶花，洞壁上各种形态的卷曲石、方解石和石膏晶花更是国内稀有，世界罕见。

斑斓辉煌的“宫殿”

进入芙蓉洞，在人们面前的是层叠的石花和排成队列的石笋。它们完全靠岩壁上渗漏出的水经过天长日久形成。大小不等、形态迥异的石幔、石笋，变幻着它的风姿，就像大自然创造的艺术品。这里的主要景点有金銮宝殿、雷峰宝

▲贵州荔波樟江

知识链接

在芙蓉洞内，称得上国内外特级景点的有十几处，比如有宽 15.76 米，高 21.04 米的巨型石瀑布；面积 32 平方米，水深 0.8 米，处在生长旺盛期的珊瑚瑶池；长 120 厘米，周长 124 厘米的“生命之源”；生长旺盛的石花之王；世界绝无仅有的犬牙晶花石为五绝，是世界洞穴景观的稀世珍品。

塔、玉柱擎天、玉林琼花、海底龙宫、巨幕飞瀑、石田珍珠、生殖神柱、珊瑚瑶池等。在海底龙宫，这里玉柱罗列，锦帐低垂，珠光宝色相映生辉，让人目不暇接。而那单薄的石旗就像倒垂的荷花，最薄处只有几毫米，不禁让人惊叹自然的神奇造化。

绝无仅有的绿宝石——贵州荔波樟江

在我国西南的黔桂交界处，有一颗璀璨夺目的绿宝石，这就是荔波漳江风

景区。它是世界上同纬度罕见的亚热带喀斯特原生森林残存区，景色以野、奇、秀为特色，堪称一大自然奇观。

有神秘色彩的地方

樟江风景名胜区由大七孔、小七孔、水春河峡谷三个景区组成。大七孔因一座大七孔古桥而得名。这里分布有原始森林、峡谷、伏流、地下湖等。从大七孔桥溯流而上，是一道长长的天神峡谷。峡谷内危崖层叠，陡崖耸立，雾气萦绕。再往前，有一座高、宽各约 100 多米的陡崖直冲霄汉，陡崖上附着朵朵钟乳、层层翠林，如同一幅色彩缤纷的油画。壁上还有三个自下而上、大小不一的洞穴，洞口绿树成荫，生机盎然。

奇怪的是，在这里不能大声喊叫，否则绝壁上的石块会飞射而来，当地百姓谓之天神发威，这里因此得名恐怖峡。继续前行是天生桥，桥高 60 米，桥孔宽 20 米。桥下急湍的水流形成一道瀑布，桥孔下布满形态迥异的钟乳石，桥侧长满灌木、花草，美景令人应接不暇。

独具特色的水上森林

在重重叠叠的喀斯特地貌上，覆盖着郁郁苍苍的原始森林，河湖溪瀑纵横交错。这就是美丽的喀斯特森林，位于小七孔风景区内。喀斯特森林因典型的锥状喀斯特地貌及生物多样性等特征而成为“中国南方喀斯特”的杰出代表，被称

知识链接

天钟洞位于一座山峰的腰部。由山下爬到百米多高的山崖上，过南天门入洞，洞中美景犹如仙宫。天钟洞中有一巨型石笋如铜钟倒扣于地，故名“天钟”。天钟洞内的钟乳石每一百五十年长一厘米，长年累月，经过几百年才能长成一根石笋。

为中国最美的十大森林之一。

这里的千百株树木，全都植根于水中的顽石上，又透过顽石扎根于水底的河床。进入森林区，只见层层叠叠的森林植被覆盖于漏斗洼地和石崖峰丛上，与喀斯特地貌形成的山、水、洞、瀑、石融为一体。可谓水中有石，石上有树，树植水中，这种水、石、树相依相偎的奇景，举世罕见。

一幅水墨奇景——贵州万峰林

万峰林位于贵州兴义市。整个峰林占地2000多平方千米，峰林又分宝剑峰林、群龙峰林、罗汉峰林等。它在《中国国家地理》杂志“选美中国”活动中获得“中国最美的五大峰林”第三名。

被徐霞客赞誉的胜地

在距今3.64亿年前，这里还是一片汪洋大海。后来因为多次造山运动，地壳不断上升，出现山峰，在二氧化碳和有机酸的作用下，石灰岩裂缝、孔隙加深，逐渐形成洼地、河流、溶洞、峰林、地下河、落水洞等奇观。它是典型的喀斯特盆谷峰林地貌，分为东、西峰林，景观各异。东峰林以高峻的喀斯特峰丛为特征，西峰林是高原喀斯特景观。因为万峰林气势宏伟壮观，山峰密集奇异，形态完美，明河暗流沟堑交错，溶洞峰林起伏不平，有着人间仙境的韵味。

在三百多年前，明代著名旅游家徐霞客曾赞誉它为“磅礴数千里，为西南奇胜”，并作诗称赞曰：“天下名山何其多，唯有此处峰成林。”

雄奇浩瀚的岩溶景观

在万峰林，因朝与夕、晴与雨、明与雾的不同，景致也各不相同。晴天，

▲贵州万峰林

知识链接

万峰林还有非常实用的一面，即所有高峰都是气象山。只要天气有变化，山顶就会出现云戴帽或者峰插天的景象，云帽的大小，预示着变天的时间及雨量的大小。每遇气象山的云帽晃动，则预示着阴雨转晴。

它显得伟岸豪迈，雨中静中蕴动，雾中朦胧不清，夜间皓月当空。在旭日东升或夕阳西下时，峰林沐浴在万道金光下，格外光辉灿烂。

根据峰林的形态，分为列阵峰林、宝剑峰林、群龙峰林、罗汉峰林、叠帽峰林五大类型。宝剑峰林，笔挺陡峭；列阵峰林，犹如沙场秋点兵，列阵出征；罗汉峰林，排列匀称，多为草植被；群龙峰林，连绵不绝，好像群龙起舞；叠帽峰林，多系水平岩石组成，下缓、中陡、顶平，仿佛头上高高的帽尖。每一类都各有特色，既生趣盎然，又与其他类型的峰林互相配合，组成雄奇壮阔的岩溶景观。

世界岩溶胜地——广西乐业天坑群

天坑，学名叫喀斯特漏斗，是由溶洞崩塌陷落而自然形成的，属于喀斯特地貌，主要分布在中国、俄罗斯、澳大利亚、墨西哥、巴布亚新几内亚等国。地处我国广西壮族自治区乐业县境内的天坑群，是目前世界上最大的天坑群。

世界罕见的地质奇观

乐业天坑群由 20 多个天坑组成，其中世界级的超大型天坑 2 个、大型天坑 7 个。根据规模大小依次排序为：大石围天坑、大坨天坑、邓家坨天坑、神木天坑、吊井天坑、穿洞天坑、老屋基天坑、黄猄洞天坑、白洞天坑。

这些天坑形状奇怪，坑上坑下林木葱茏，也是大自然留给我们人类绝美的地质奇观，是世界岩溶胜地。

天坑博物馆

大石围天坑群位于乐业县同乐镇刷把村百岩脚屯，是一块鲜为人知的秘境，集险、奇、峻、雄、秀、美于一体，是世界上罕见的旅游奇观。

大石围天坑长600多米，宽420米，垂直深度613米，像一个巨大的火山口，周围好像刀削的悬崖峭壁，奇险无比。大石围底部有人类从未踏入的地下原始森林，面积约9.6万平方米，是世界上最大的地下原始森林，具有世界“天坑博物馆”之美称。

大石围地下溶洞中，巨大的石笋、石柱、石瀑、石帘，姿态万千，通透明亮。洞内有两条地下河，水流湍急，最神奇的是河水一热一冷，阴天的时候雾气萦绕、时浓时淡、似梦似幻、恍如仙境。

神奇秀美的山水风光——广西桂林山水

桂林山水的美，在中国可谓家喻户晓，尽人皆知。那些秀美的山峰，以及清澈的江水，似乎都在讲述着一个千年的传说。

桂林山水甲天下

桂林位于我国广西境内北部山区，是典型的山水城市，有着当世无双的喀斯特地貌。这里的山并不高大，一座座拔地而起，千姿百态。这里的漓江水，蜿蜒曲折，明洁如镜。这里的山中多洞，洞幽景奇，洞中怪石，巧夺天工。这一切组合起来，宛如一幅水墨画，构成了“山青、水秀、洞奇、石美”的桂林“四绝”，自古就有“桂林山水甲天下”的美称。

在桂林，山离不开水，水离不开山。漓江是桂林山水的灵魂，它发源于桂林东北部地区，一路流经桂林城和古镇阳朔。桂林山水最精华的景致恰恰是由桂林至阳朔的84千米河段，有“黄金水道”之称。而漓江宛如一条青色的飘带，缓缓流淌，围绕在葱翠的奇峰中，造化出世界上规模最大、景色最优美的岩溶景区。

阳朔堪称甲桂林

俗话说：“桂林山水甲天下，阳朔堪称甲桂林。”要想领略桂林的美，得从阳朔的漓江开始。在这里，可以观看奇峰倒影、绿水青山、牧童吹笛、渔翁闲钓、质朴的田园生活、清新的空气，一切都充满了诗情画意。

在众多的奇观当中，要数“九马画山”和“黄布滩倒影”最引人注目。九马画山距离桂林约60千米。它五峰连绵，临江石壁上，青绿黄白，缤纷多彩，浓淡相宜，斑驳有致，宛如一幅神骏图，因有九马画山之名，简称画山。九马惟妙惟肖，神态各异。漓江的山色美在倒影中。漓江倒影要数黄布滩最美丽、最醉人。这里水平如镜，清澈碧绿，山峰、绿竹、蓝天、白云倒映在绿水之中，山水一体，水天一色。

迷人的桂林山水

桂林山水一直是人们向往的旅游观光胜地。现在，大桂林山水风景区也已

知识链接

芦笛岩在桂林市西北部光明山的南侧山腰处，因洞口曾长满芦荻草而得名。洞内最高处18米，最宽处93米，洞内的景物姿态各异，有从洞顶垂下的石乳，有从地上长出的石笋，还有石乳与石笋连接而成的石柱。有趣的是，有些石头里面是空的，敲打时会发出清脆的声响，根据声音的高低，分为石琴、石鼓、石钟等。芦笛岩是桂林众多奇妙岩洞中最璀璨的明珠之一，不愧为“大自然艺术之宫”。

▲广西桂林山水

形成。何为大桂林山水风景区呢？它以桂林市为中心，包含其周边 12 个县的风景区。这里有巨大翠绿的原始森林，雄伟险要的峰峦幽谷，汹涌奔腾的溪泉瀑布，奇绝壮观的高山梯田。象鼻山是桂林山峦的代表，它位于漓江与桃花江的交汇处，因山形仿佛一头静立水中的大象而得名，简称象山。它长 108 米，宽 100 米。据传，这头大象来此饮水，喜爱这里的风景而不愿离去，最后便化成石山。象山雄伟神奇、形神具备，鼻脚之间的水月洞好像一轮临水皓月，构成了“象山水月”的奇景。象山也是桂林城的象征，是桂林的城徽。

这里所有的峰峦都透着灵气，显示着桂林山水的壮丽。其实，在 300 万年前，这里还是浩瀚的大海，后来由于地壳运动，海底沉积的厚厚的石灰岩逐渐演变，最终形成了今天桂林独特的岩溶地貌。

岩石雕塑的森林——云南石林

在我国云南省东部一个叫石林的地方，有一座森林。它并不是普通的森林，而是一处奇特的石头“森林”，称得上我国的一大奇观，有“天下第一奇观”的美誉。

石头“森林”

云南石林是一座真正的由岩石组成的“森林”，穿行其间，有陡峭如削的幽涧，有小溪淙淙的峡谷，有耸立群峰之顶的石牌坊，有蜿蜒曲折的双层洞穴……有的石峰高达三四十米，也有的只有几米。天气晴朗时，石峰呈现出灰白色，下雨时则变为赫黑色。石林的山峰形态很丰富，有的如两人相搏，有的如母子相偎，有的如利剑，有的如飞禽走兽，有的如城堡，有的如石芽、原野……栩栩如生。拟人似物、惟妙惟肖的石林，或隐于洼地，或漫布盆地、山坡、旷野，或奇悬幽险，亭亭玉立。

▲云南石林

趣味故事

阿诗玛的故事

在石林景区有一座石峰，顶端呈淡红色，外形像一位撒尼族少女，青春靓丽。当地的老百姓都称它为“阿诗玛”。相传，阿诗玛聪明美丽，竟被土司热布巴拉看上，硬要娶阿诗玛为妻。阿诗玛不愿意，就与阿黑一起逃走。后来，热布巴拉勾结崖神用洪水淹死了阿诗玛，等洪水退去后，就出现了样子像少女的石峰。

探寻天生大园林

这些奇石怪林是怎么形成的呢？据专家介绍，要生成石林这样的天然园林，要有几个重要的外在条件。一般来说，石林地区大都属于岩溶地貌。尤其是在远古时代，这些地方原是大海，沉积了几百米厚的石灰岩层。后来，由于地壳上升成为陆地，以后经过了几个地质时期的演变，再加上长期的风化和雨水侵蚀。这些岩层大都是易溶的石灰岩，岩体内有许多密集分布的垂直裂隙，加上雨水不断地沿着裂隙向下溶蚀发展，时间一久，就把易溶的石灰岩从上到下劈开，雕饰成了形态各异的石林。

风姿各异的土林奇观——云南元谋土林

云南省元谋县以元谋猿人著名。然而，在元谋县还有一处自然奇观，这就是独特的地理奇观——元谋土林。

色彩斑斓的土林

元谋土林位于元谋县境内，与西双版纳热带雨林、云南石林并称为“云南三林”。它的面积达50平方千米，基本构成是一座座黄色的土峰、土柱，顶端大都呈圆锥形或扁平形，像戴上了一顶顶土帽。在长期的风化过程中，这些土帽保留了铁、钙等物质，因而变得坚硬且不透水，使得土峰、土柱得到保护，不易倾倒。远远看去，它们有的像擎天柱，有的像古代城堡，还有的像古希腊神庙精美的廊柱。再加上造型各异，极具观赏价值。

另外，由于土林的沙砾中含有多种金属矿物质，因而呈现出粉红、浅绿、橘黄、玫瑰花等色泽，这些色彩会随着光照角度而变幻。这一姿态万千的奇异景观，也让土林充满了神秘色彩。

形态各异的雕塑

元谋土林很多，它们都各有特色，其中保存面积最大、形态最丰富的要属虎跳滩土林、班果土林和新华土林。虎跳滩土林是元谋土林中最壮观的一处。从远处眺望，它就像一座废弃的古代城堡，到处是高大挺拔的岩柱，而连绵的岩壁则是城堡的围墙。最为奇特的是，“城堡”的顶部有红、褐、黑三色的顶盖，很像人工建筑的屋檐。有了这个土帽，也让城堡能够抵挡风雨洗礼，变得更加坚固。

班果土林总面积 14 平方千米，是这里面积最大的土林。它的土林以柱状、孤峰状为主，分布比较稀疏，群体较少。不过，班果土林的土柱中含有玛瑙片砂等能反光的矿物，在阳光的照射下会发出炫目的光彩，如同镶嵌着无数的宝石。

新华土林以高大密集、色彩丰富著称。这里的土柱顶部多为紫红色，中间是灰白相间，下部则以深浅不同的黄色为主。在不同的光线下，土林能变幻出更加别样的色彩，

知识链接

现在，人们在土林周围出土了大量动植物化石，发现了许多史前文化遗迹，如西边 3 千米的雷老古猿遗址，南边 3 千米的金锁湾新石器遗址，北边 5 千米外的豹子洞箐古猿遗址，以及 30 千米外的元谋人遗址等。这一系列古生物、古人类、古文化遗存，也向世界显示了以土林为中心的远古文明。

犹如一幅天然的抽象画作。当然，这些饱满的色彩和土柱中岩石所含的矿物质有关，真可谓一大奇观。

变化着的金色神殿

在不同的季节、不同的时间、不同的气候和不同的角度，土林景观都有不同的韵味，可以说是“全天候”风景观赏区。阳光下，土林造型强健、夺目、笔挺，一目了然；雨雾中，土林景观忽隐忽现，似明似暗，朦胧含蓄。同样在冬季，土林阳光明媚，气候宜人。夏天，酷暑炎热，如身临沙海荒漠。

既然土林是大面积的岩层在长期的风雨侵蚀下形成的，那么随着时间的流逝它会不会被剥蚀掉呢？据研究，土林并不是千百年就能形成的，也不那么容易消亡。事实上，土林也在不断地被风化、侵蚀，每年都在变化，可只要地壳运动不停止，只要水土流失不间断，新一代土林就会逐渐产生，人们依然能够欣赏到它的绝美风光。

火山喷发形成的景区

中国邻近环太平洋火山地震带，是一个多火山、地震的国家，我国火山数量达到 800 余座，大多为死火山或休眠火山。主要分布于东北、云南和台湾等地，火山喷发形成的火山地貌风景区，是十分吸引人的旅游资源。

火山自然博物馆——黑龙江五大连池火山群

五大连池火山群是第四纪火山活动给人类留下的一片贵重的遗产，这里山秀、水幽、泉奇、石怪、洞异，堪称奇观。

自然火山博物馆

五大连池位于黑龙江省五大连池市、小兴安岭西南山前台地上。火山喷发的熔岩流堵塞了白河河道，形成了 5 个相连的火山堰塞湖，由于其形状如串珠，所以被称为“五大连池”。

在五大连池周围，分布有 14 座火山和 60 多万平方千米的熔岩台地。这些火山高 400 ~ 600 米，它们组成了壮观的休眠火山群，保存着非常完整的火山口和各种熔岩构造，以火山锥的特殊结构、各种火山熔岩流动形迹、结满冰霜的熔岩隧道，构成了独特而典型的火山景观，因而有“火山博物馆”之称。

最完整的火山地质地貌

五大连池火山群喷发的熔岩，有的像一条长龙，有的像大象在吸水，有的像宽广的瀑布，生动逼真。还有一种“石塔”奇观，高约二三米，是火山熔岩盘

▲黑龙江五大连池火山群

叠而成的。其中，近期火山包括老黑山和火烧山两座火山。

老黑山火山坐落在丘陵低地，是14座火山中最高的一座。山的东、北两侧有盘山道能达山顶，山顶有漏斗状火山口，直径为350米，深达140米。山上东北角有火山熔岩洞穴，洞内熔岩倒挂，景致千态万状。火烧山是一个塌陷火山，山口内壁陡峻，火山低平，熔岩流主体向北流淌，火山锥坐落其上。

火山地质博物馆——云南腾冲火山群

在云南省腾冲县，有一处造型奇特的火山奇观，这就是腾冲火山群。境内90多座火山均沿南北向一字排开，让腾冲火山群成为一座著名的“火山地质博物馆”，享誉中外。

中国火山群之冠

腾冲火山群分布面积约 1000 平方千米，规模宏大，保存完整，分布集中，类型齐全，位居中国火山群之冠。据有关资料表明，腾冲火山并没有死，而是处在休眠期。其中，以打鹰山、黑空山、大小空山、铁锅口、马鞍山、覆锅山、团山、小团山、小马山及火口湖最为著名。

被誉为“小富士山”的打鹰山，因为火山外形与日本富士山极为相似而得名。大小空山及黑空山与它的名字非常相配，是火山群落中最典型、最具观赏价值的部分。它们排列均匀，像三座完美的火山锥模型展现在人们的眼前。而距这里稍远的铁锅山，更像两口大铁锅架在一座山上，十分奇特。

造型奇特的火山

腾冲火山群为我国西南最典型的第四纪火山。因为地处欧亚大陆板块边缘，地壳运动比较活跃，地震频发。当剧烈的地震发生时，岩浆喷出地表，当地震停止时，岩浆冷却，就形成了一座座形状奇特的火山。

这里的火山按形态特征可分为四种：一是呈截顶圆锥体的锥状火山，上面的火山口保存完整；二是钟状火山，火山喷口周围山坡较陡、顶部多为不浑圆的钟状山丘；三是臼状火山，锥体较为平缓，火山口呈臼状，往往积水成湖，形成了秀美的景色；四是盾状火山，一般顶部较为平缓，火山口呈浅碟状，锥体底部多呈椭圆形或圆形。

北方的西湖——黑龙江镜泊湖

镜泊湖位于黑龙江省牡丹江市西南，总面积为1200平方千米，是我国北方著名的风景区和避暑胜地，有“北方的西湖”的美誉。

知识链接

在“镜泊八景”中，吊水楼瀑布十分壮观，可与闻名世界的“尼亚加拉大瀑布”相媲美。随着季节的变化而变幻莫测，在阳光明媚的日子，吊水楼瀑布的上空中会有绚丽的五彩长虹出现，壮美的景色堪称人间一绝。

迷人的自然风光

镜泊湖地处松花江重要支流牡丹江的上游，由松乙河、大加集河、小加集河、房身河以及牡丹江上游大小两条水系汇集而形成。它呈乙字形，湖面为90多平方千米，平均深度为45米。镜泊湖以风静、湖平如镜而得名。

这里环境幽静，一片恬淡秀丽的自然风光。每年夏秋时节，湖区内红花绿水，鱼跃禽翔，霞光映照，一派和谐秀美的自然风光。其中，吊水楼瀑布、大孤山、白石砬子、小孤山、城墙砬子、珍珠门、道士山、老鸹山等，为著名的“镜泊八景”。

最大的高山堰塞湖

镜泊湖是火山喷发形成的。大约在距今1万多年前，镜泊湖是牡丹江上游的古河道，可后来这里发生火山活动，大量的玄武岩熔岩喷发流了出来，并把牡丹江拦腰截住，形成了这个海拔最高的高山堰塞湖。湖所在的牡丹江河段为早期的地堑谷，断裂作用让残留于谷中的一部分原地面变成今天湖中的岛屿。

中国最大的火山湖——吉林长白山天池

长白山位于吉林省东南部，在中国和朝鲜的边境线上，因其主峰白头山多白色浮石与积雪而得名，素有“千年积雪为年松，直上人间第一峰”的美誉，也

▲吉林长白山天池

是中国十大名山之一。

曾经的休眠火山

长白山海拔 2700 多米，是一座休眠火山。据历史记载，16 世纪以来，长白山喷发过 3 次，最近的一次是在 1702 年。因为火山喷发，长白山上形成了一个巨大的火山湖，即著名的长白山天池。

奇异的长白山大峡谷是长白山的一大特色，它是火山爆发时形成的地裂带。由于寒冻风化，峡谷中的冰缘岩柱已在岁月的风雨剥蚀中，形成了丰富多彩、雄壮美丽的自然景观。熔岩林的造型独特，有的形如月亮，有的如金鸡，有的似骆驼，还有的像观音，千姿百态，堪称一绝。

壮美的天池景观

在长白山的自然美景中，天池是最为壮丽和最富神韵的地方。它有丰富的水量，是图们江、鸭绿江、松花江三条大江的源头。天池内水深清澈，云山映照，水面湛蓝，像一块镶嵌在群山之中的蓝宝石，宛若人间仙境。奇怪的是，天池没有入水口，出水口的长白山瀑布一年四季水流不止，无论旱涝，天池水量依旧。

由于天池海拔较高，气候多变，所以风狂、雨暴、雪多也是它的特点。平静的湖面可能霎时狂风呼啸，砂石飞腾，甚至暴雨倾盆，冰雪骤落，这也为长白山天池增添了无限的神秘感。

曾经爆发的火山——浙江雁荡山

雁荡山位于浙江省乐清市境内，为括苍山脉的一段，主要由流纹岩构成，以山水奇秀闻名，为全国十大名山之一，号称“东南第一山”。

▲浙江雁荡山

造型地貌博物馆

雁荡山又名雁岩、雁山，由于主峰雁湖岗上有结满芦苇的湖荡，年年南飞的秋雁栖居在这里，因而得名“雁荡山”。雁荡山是亚洲大陆边缘巨型火山带中白垩纪火山的典型代表，记录了距今1亿多年前一座复活型破火山演化的历史，包括火山爆发、塌陷、复活隆起的完整地质演化过程。由于地处在古火山频繁活动的地带，山体呈现出独具特色的峰、柱、墩、洞、壁等奇岩怪石，称得上是一个造型地貌博物馆。

雁荡有三绝

雁荡山风景以峰、洞、岩石、泉、门、嶂称胜。全山分为灵峰、三折瀑、灵岩、大龙湫、雁湖、显胜门、仙桥、羊角洞八个景区，其中东南部风景荟萃，“二灵一龙”（灵峰、灵岩、大龙湫）被称为“雁荡三绝”。

巨大的天然画卷

雁荡景区总面积为450平方千米，有550余处景点，崎岖婉转，曲径通幽，犹如一幅巨大的天然画卷。

雁荡山景色在一个“奇”字：奇峰，拔地而起，直指天空，恣意不羁；奇石，姿态万千，描绘不完；奇瀑，遍布山间的瀑布，形态万千，有的好像天间的白练直泻而下，有的好像巫山云雨徐徐飘落；奇洞，山间幽谷洞窟众多，形态万千。或弯曲深邃，或通明敞亮，或如井底，或似天窗，洞中生洞，洞洞相接，使人如坠云雾之中。

高原上的冰雪奇缘

冰川地貌主要分布在极地、中低纬的高山和高原地区，形成冰川地貌还需要寒冻、雪蚀、雪崩、流水等气候条件。中国西部有巨大的山脉和高原，特殊的地势条件和气候条件，使这里形成了现代高山冰川。

亚洲海拔最低的冰川——四川海螺沟冰川

在天府之国的四川，有一处令人神往的冰川奇迹，它就是闻名世界的海螺沟冰川。在中国最美的地方排行榜中，海螺沟冰川被评为中国最美六大冰川之一。

海螺沟的前世今生

海螺沟位于四川省甘孜州泸定县的磨西镇，是贡嘎山风景区的一部分。沟中有 70 多条冰川，其中最有名的就是“一号冰川”。

“一号冰川”拥有壮观的冰瀑布，也被称为“大冰瀑”。它发源于贡嘎山主峰的东边，从半山腰出发，沿着陡峭的山谷迅速跌落到 3720 米的高度，垂直高度差达 1080 米，仅次于加拿大冰川国家公园落差 1100 米的冰瀑。由于落差巨

知识链接

海螺沟也是有名的“温泉之乡”。这里的水温在 40℃ ~ 60℃，游人可在小船坞里洗温泉澡。海螺沟年平均温度 10℃ ~ 15℃，冬季最低温度零下 2℃ ~ 5℃，素有“一日四时景，十里不同天”之说。

▲四川海螺沟冰川

大，坡度较陡，大冰瀑好像从天而降的银色冰河，场面极其宏大。再加上大冰瀑末端拱成一道弧形，跟海螺很相似，因此得名海螺沟。

罕见的冰瀑奇观

海螺沟冰川以低海拔著称，以冰川与森林交汇称奇，是贡嘎山众多冰川中最长的一条。

海螺沟冰川长 14.7 千米，冰川伸进森林 6 千米，冰川最低点海拔 2850 米。它融原始森林、珍稀动植物、温泉、瀑布于一体，构成了壮丽奇特的自然景观。这里独特的地理形态和植物分布，沟内遍布的冰面河、冰面湖、冰下河、冰川城门洞、冰裂隙、冰阶梯、冰石蘑菇、冰川弧拱等，以及峡谷两侧的绝壁上留下的冰川擦痕，无不让人震惊自然的神奇。

奇异的天然冰川——西藏绒布冰川

喜马拉雅山脉是地球除南北极外最重要的冰川地带，而绒布冰川犹如喜马拉雅冰川皇冠上的明珠。绒布冰川是全球发育最充分、保存最完好的特有山谷冰川，它拥有最壮观的冰塔林奇观。

西藏最雄奇的景色之一

绒布冰川位于珠穆朗玛峰脚下海拔 5300 米

▲西藏绒布冰川

拓展阅读

绒布寺

绒布冰川得名于西藏日喀则地区的绒布沟。在绒布沟东西侧的“卓玛”（度母）山顶，有一座非常著名的寺庙——绒布寺。绒布寺依山而建，海拔5800米，是世界上海拔最高的寺庙，脚下的绒布河是由绒布冰川部分泉水汇集而成的冰水河流。

到6300米的广阔地带，由西绒布冰川和中绒布冰川两大冰川组成。它们倾泻而下，汇合成一条长达26千米的大冰川，平均厚度达120米，最厚处超过300米，冰舌平均宽14千米，面积达86.89平方千米，是珠峰自然保护区内最大的冰川。

在这里，可以看到冰塔林、冰蚀湖、冰斗、角峰、刀脊等奇异的天然冰川，美轮美奂。冰塔林突兀而立，有的如尖锐的宝剑，有的像寺庙钟楼，还有冰桌、冰桥、冰柱、冰洞、冰河，仿佛走进一座晶莹圣洁的水晶宫殿。又有高达数十米的冰陡崖和到处都是陷阱的明暗冰裂隙，还有险象迭生的冰崩雪崩区。

中国最壮观的冰塔林

冰塔林是一种罕见的自然奇观，也是西藏最雄奇的景色之一，只有在中低纬度的大陆性冰川才可能形成。

绒布冰川拥有中国最壮观的冰塔林。长达几千米的冰塔林阵列，不可计数的冰塔组成了一个奇异的冰雪世界。冰塔是白色的锥塔形冰体，它们高低起伏，形态不同，一座座矗立在珠峰上，相当壮观。这些冰塔明亮剔透，高大无比。

其实，冰塔林的冰并非纯白，在每一道缝隙中都透出纯净的蓝。这是因为，冰雪在冰川内部要承受巨大的压力，冰晶微小的结构也随之改变，对光线的折射与反射也有所改变，进而显出纯净的蓝。这是冰川冰的一大特征。

正在减少的冰川奇观

1966—1975年，在珠峰北坡绒布冰川中，冰塔林立，姿态万千。特别是在绒布冰川海拔 5300 ~ 6500 米的冰塔林中，景色奇特瑰丽，特别惹人注目。美丽而高大的“冰蘑菇”，在溪流流经之处，通常会留下水晶宫似的冰洞，洞口挂着许多“钟乳冰”，更显示冰洞的神秘。

受全球气候变暖的影响，珠峰北坡绒布冰川也发生了显著的变化。结果显示，截至 1997 年，东绒布冰川后退了 170 米，中绒布冰川后退了 270 米，平均每年后退近 9 米，现在消退仍在加速。根据联合国政府间气候变化专门委员会发布的最新报告，冰川消融将危及人类的淡水供给。

最后的净土——西藏米堆冰川

米堆冰川是西藏最主要的海洋型冰川、中国三大海洋冰川之一，也是世界上海拔最低的冰川。这里常年雪光闪耀，景色极具魅力。

世界上海拔最低的冰川

米堆冰川位于波密县玉普乡米美、米堆两村，距县城所在地扎木镇 90 多千米。地处东南的念青唐古拉山与伯舒拉岭的结合部。念青唐古拉山与伯舒拉岭是一系列东南走向的高山，从印度洋吹来的西南季风，能够沿雅鲁藏布江和察隅河谷北上，深入到高山之中，并带来了大量的降水，在此诞生了米堆冰川。

知识链接

米堆冰川周边山花烂漫，林海葱郁。对于冰瀑奇观，只有在补充丰富、消融得快的冰川上才会出现，如果冰川消融得快而补给不足，冰瀑就会中断，形成“悬冰川”，反之，如果补充过快而消融不及，冰雪就会把悬崖掩盖。米堆冰川是一条补充和消融都很“均衡”、具有灵性的冰川。

▲西藏米堆冰川

米堆冰川由冰瀑布汇流而成，每条瀑布高 800 多米，宽 1000 多米，两条瀑布之间还分布着一片原始森林。冰川下段穿行于针阔叶混交林带，是西藏最主要的海洋型冰川，也是世界上海拔最低的冰川。在这里，冰川、湖泊、森林、村庄等融会在一起，是人与自然和谐的典范，可谓世界最后的净土。

迷人的米堆冰川

米堆冰川是我国现代冰川中较为特殊的现象，与喜马拉雅山东南段的气候有着密切的关系。这是典型的现代季风型温性冰川，类型齐全，尤以巨大的冰盆、众多雪崩、陡峭巨大的 700 ~ 800 米的冰瀑布、消融区上游的冰面弧拱构造格外突出。

这里的冰盆三面被冰雪覆盖，积雪随时崩落，雪崩槽如斧劈般。频繁的雪崩是冰川发育的主要补给方式。冰盆中冰雪积聚多了，就会流出来，它以巨大的冰瀑布形式跌落入米堆河源头冰盆地中。远远看去，冰瀑布足有七八百米之高，景象奇特，气势宏伟，实属世间罕见。

流动的节拍

在陆地上，地表流水是塑造流水地貌最重要的外动力。流水地貌包含由流水侵蚀作用形成的河谷等地貌，也包含由流水堆积作用形成的冲积平原等地貌，中国的长江三峡就是由于河流的冲刷作用形成的。

四百里天然立体画廊——长江三峡

长江流过四川盆地，在重庆奉节以东，进入著名的三峡地区。三峡，是万里长江一段山水壮丽的大峡谷，为中国十大风景名胜之一。它是长江风光的精华，神州山水中的瑰宝，古往今来，闪耀着迷人的光彩。

迷人的三峡风光

三峡西起重庆市奉节县的白帝城，东至湖北省宜昌市的南津关，全长 192 千米，其中大部分河道为峡谷地段，主要由瞿塘峡、巫峡、西陵峡组成。长江水流不断冲刷和侵蚀河床，由可溶性石灰岩组成的河谷在水流的不断溶蚀和搬运作用下，慢慢形成了这三个险峻、幽深的峡谷。

瞿塘峡雄踞长江三峡之首。它西起白帝城，东至巫山县的大溪镇，全长 8 千米，在长江三峡中最短，却是最为雄伟的。在瞿塘峡两端入口处，两岸的山峰巍峨陡峭，高达 1000 ~ 1500 米。两边悬崖峭壁，犹如两扇雄伟的大门，这就是著名的瞿塘关，又称夔门。其江面最窄处不足百米，山高水急，格外壮观。瞿塘峡湍急的水流，绵延不绝的山峦，构成了一幅绝美的画卷。这里也有许多名胜古迹，比较著名的有奉节古城、八阵图、云阳张飞庙、古栈道等。

以秀美著称的巫峡

过了瞿塘峡，就来到了以秀美著称的巫峡。巫峡又名大峡，在重庆巫山和湖北巴东两县境内，西起巫山县城东面的大宁河口，东至巴东县官渡口，绵延 45 千米，包括金蓝银甲峡和铁棺峡，峡谷特别幽邃，是长江横切巫山主脉背斜而形成的。这里峡谷深长，奇峰突起，怪石峻峭，连绵不绝，是三峡中最可观的一段，宛如一条迂回曲折的画廊，充满诗情画意。

巫峡以十二峰最为著名，而十二峰又以神女峰最为出众，只见峰山挺拔秀

知识链接

目前，三峡水利枢纽工程也是长江三峡的一大奇观。它位于长江三峡的西陵峡中，由大坝、水电站厂房和通航建筑物三部分组成，大坝坝顶总长 3035 米，坝高 185 米，是世界上规模最大的水利工程。

丽的石柱，宛如亭亭玉立的少女，让人不由得想起关于它的凄美的传说故事。

以险峻著称的西陵峡

西陵峡是长江三峡的最后一段，以险滩水急著称。它位于湖北秭归、宜昌两县市境内，西起香溪口，东至南津关，约长66千米，是长江三峡中最长的山峡。

整个峡区由高山峡谷和险滩礁石组成。这里地势复杂，大峡谷套小峡谷，大险滩套小险滩，江水咆哮，浪花四溅。自西向东依次是兵书宝剑峡、牛肝马肺峡、崆岭峡、灯影峡四个峡区，以及青滩、泄滩、崆岭滩、腰叉河等险滩。其中，长江北岸有兵书宝剑峡，因其有一叠层次分明的岩石，还有一上粗下尖的石柱指向江中，好似一把宝剑而得名。相传，这里是诸葛亮存放兵书和宝剑的地方。

“泄滩青滩不算滩，崆岭才是鬼门关。”这是对崆岭峡内崆峪滩的描述，它是长江三峡中“险滩之冠”。滩中礁石密布，枯水时露出江面如石林，涨水时则隐没水中成暗礁，加上航道弯曲狭隘，船只很容易就会触礁沉没。灯影峡又名明月峡，河谷狭窄，岸壁陡险，峰顶奇石腾空，岩间瀑布飞泉。南岸马牙山上，有四块岩石屹立，形似《西游记》中的唐僧、孙悟空、猪八戒和沙和尚，惹人注目。

世界第一大峡谷——西藏雅鲁藏布大峡谷

青藏高原有两个世界之最：一个是世界最高的山峰——珠穆朗玛峰；另一个是世界最”大最深的河流峡谷——雅鲁藏布大峡谷。

▲西藏雅鲁藏布大峡谷

拓展阅读

门巴族人

在雅鲁藏布江大峡谷的两岸，居住着古老、神秘的门巴族人，他们被称为“中国最后的猎人”。腰插易贡短刀、手牵波密猎犬的门巴人依然生活在刀耕火种时代，溜索、独木桥是这里最常见的交通设施。

世界第一大峡谷

雅鲁藏布大峡谷位于青藏高原之上，平均海拔 3000 米以上，险峻幽深。它长 500 多千米，最深处有 6000 米。大峡谷怀抱南迦巴瓦峰地区的崇山峻岭，它劈开青藏高原与印度洋水汽交往的山地屏障，向高原内部不断输送水汽，使青藏高原东南部因此成为一片绿色世界。

雅鲁藏布江大峡谷地区冰川、绝壁、陡坡、泥石流和巨浪滔天的大河交错在一起，环境十分恶劣。1994 年，我国科学考察队对雅鲁藏布江大峡谷进行科学考察后，才真正揭开雅鲁藏布江大峡谷的神秘面纱。其中，最险峻的地段——白马狗熊往下长约 100 千米的河段，峡谷幽深，激流涌进，至今还无人能够通过，堪称“地球最后的秘境”。

秀丽的峡谷风光

在南迦巴瓦峰附近，有一个马蹄形的大拐弯，在拐弯的两侧，高峰与深谷互相掩映，近万米的强烈地形反差，形成了壮丽的景观。它不仅在地貌景观上异常奇特，造就了青藏高原东南缘奇特的森林生态系统景观。整个大峡谷的自然景观，可以用“雅鲁藏布江大峡谷秀丽甲天下”概括。

关于大拐弯的形成，有一个有趣的传说。相传位于西部阿里的神山冈仁波钦雪山有四个子女，分别叫雅鲁藏布江（马泉河）、狮泉河、象泉河和孔雀河。

一天，四兄妹分头出发，相约在印度洋集合，雅鲁藏布江在历经艰险后来到了工布地区，受一只小鹞子蛊惑，以为其他三兄妹都比他先到了印度洋，于是他匆忙从南迦巴瓦峰脚下掉头南奔，一路的高山陡崖都不能挡住他的脚步，哪里地势陡峭险峻他就从哪里跳下，最终形成了雅鲁藏布江大峡谷。

天然植物博物馆

雅鲁藏布大峡谷不仅地貌景观异常奇特，还有独特的水汽通道作用。整个大峡谷凿开了喜马拉雅山脉和青藏高原的地形屏障，使南来的印度洋暖湿气流得以深入大峡谷内部。充足的热量和水分，让大峡谷地区成为中国雨量最丰沛的地区之一。谷内植被茂盛，这里繁衍着世界上濒临灭绝的古老植被，分布着世界上最丰富的水能资源和稀有生物资源，被誉为“植物类型天然博物馆”。这里有近两千种高等植物，可谓生物基因库，主要树种有桦木、落叶松、藏青杨、云杉等，林内植物种类繁多，有竹剑、三七、松茸、灵芝、猴头菌、虫草等。除了植物，这里还有多种国家级野生保护动物，如黑颈鹤、雪豹、西藏棕熊、岩羊、林麝等。

同时，大峡谷处于印度洋板块和亚欧板块俯冲的东北挤角，地质现象各种各样。在这里集结的山系群峰、发育的冰川、幽深的峡谷、潮湿的水汽、活跃的地貌、多样的物种，是在地球上任何地方都不能共存的天然博物馆。

亚洲最大的瀑布——贵州黄果树瀑布

黄果树瀑布位于贵州省，是亚洲最大的瀑布。它以雄壮的大瀑布、连环的瀑布群而闻名于世，十分壮观，并享有“中华第一瀑”之盛誉。

素有“天下第一瀑”之称

黄果树瀑布位于贵州省镇宁、关岭两县境内北盘江支流、打帮河上游的白

▲贵州黄果树瀑布

知识链接

在黄果树瀑布附近红崖山的半山上，有一块巨大的浅红色绝壁，壁长100米，高达30多米，在山峦的一片青翠中，格外闪耀夺目，好像镶嵌在绿地毯中的红宝石。石壁上有20多个深红色的形似古文的符号，似篆非篆，若隶非隶，非镌非刻，透出一种古朴苍劲的韵味。关于崖壁上符号的释义，众说纷纭，至今仍是一个谜。

水河和坝陵河上。这里以黄果树瀑布为中心，以连环密布的瀑布群和瀑布、溶洞、地下湖为主体，素有“天下奇景”的美名。这里分布着雄、奇、险、秀的大小18个瀑布，形成了一个庞大的瀑布“家族”。

黄果树大瀑布是瀑布群中最壮观的瀑布。瀑布高77.8米，宽101米，掩映在一片茂密的翠竹之中，犹如一条白色的缎带，由天而将，雄伟壮阔，更是被称为“天下第一瀑”。它是世界上唯一可以从上、下、前、后、左、右6个方位观赏的瀑布，也是世界上有水帘洞自然贯通且能从洞内外听、观、摸的瀑布。

壮观的瀑布奇观

黄果树瀑布如此壮观的美景，是怎样形成的呢？研究发现，黄果树瀑布前的箱形峡谷，原为一落水溶洞，后来随着洞穴的发育，加上流水的侵蚀作用，使洞顶坍塌，从而形成瀑布。瀑布以上为宽谷，以下为马蹄形峡谷。瀑布壁面陡直，瀑水飞流直下。瀑下有“犀牛潭”“马蹄滩”等多处冲蚀坑。右侧则有暗河，往下游还有从河床涌出的冒水塘，构成了黄果树瀑布的独特景观，闻名世界。又因该区是喀斯特地貌，奇峰异洞，怪石丽水与飞水惊涛、激雾凝虹浑然一体，交相辉映。

因为季节不同，黄果树瀑布的形态也有变化。冬天水流较小，妩媚秀丽；到了夏天和秋天，水量大增，气势惊人。有时瀑布激起的雪沫烟雾高达数百米，漫天浮游，竟使其周围处于纷飞的细雨之中。

人间胜景“水帘洞”

在《西游记》中，花果山上有一处胜景，这就是水帘洞。而黄果树瀑布的独奇之处，就是大瀑布半腰上隐藏着一个水帘洞。水帘洞共由 6 个洞窗、5 个洞厅、3 股洞泉和 6 个通道线组成，全长 134 米。6 个洞窗皆被稀疏不同、厚薄不一的水帘遮挡。从幽暗的水帘洞内，透过水帘向外看去，瀑布巨大的水流轰然从面前跌下，阳光下虹霓隐隐约约。

每当太阳落山时，在洞内临窗远眺，犀牛潭里彩虹萦绕，气象万千，苍山顶上绯红一片，这便是著名的“水帘洞内观日落”。湍急的水流从 60 多米高的悬崖上倾泻入底下的犀牛潭中，飞溅的水珠高达 90 余米，声如巨雷，在阳光照射下，呈现出五彩缤纷的彩虹。

另外，在黄果树大瀑布上游一千米处的陡坡塘瀑布宽 105 米，高 20 余米，左侧也有一个水帘洞。由于夏天有洪水时，它总是发出如千军万马般的怒吼声，又被称为吼瀑、报警瀑。

世界上最大的黄色瀑布——晋陕壶口瀑布

千百年来，黄河被视为中华民族的母亲河。在这条大河上，有一处自然奇观尤其有名，这就是壶口瀑布。壶口瀑布就像镶嵌在九曲黄河之上的一颗耀眼的明珠，也是北方最富有特色的大型瀑布奇观，是全国第二大瀑布。

壶口瀑布的由来

壶口瀑布位于山西省吉县和陕西省宜川县交界的晋陕峡谷之中，形状好像一个沸腾的巨大水壶口。在这里，河水从千米河床涌来，骤然归于二三十米的“龙槽”，倾注入壶口，形成了天下无双的瀑布奇观，因此得名壶口瀑布。

趣味故事

禹凿孟门的故事

关于壶口瀑布，有许多民间传说，流传最广的是禹凿孟门的故事。

相传尧舜时期，黄河水流到壶口，因山的阻隔，平阳一带常遭遇水灾。尧派鲧治水未成，又派禹去治水。禹根据壶口至龙门的地形特点，采取疏通河道的方法来治理洪水。孟门山在龙门之北，治水便从孟门山开始。禹组织民众从孟门山两边挖通河床，并在山顶凿“镇河石牛”。石牛凭着神威指引河水顺河道而行，不准淹掉孟门山，也不许泛滥成灾。几千年来，不论洪水多大，浪头多猛，从来没有淹没过孟门山。

壶口瀑布是如何形成的呢？其实，它是地质演变的结果。在200万年前，在壶口下游的龙门一带，岩石因地壳运动发生断裂，形成断层，黄河流经断层，便形成了急流瀑布。后来，由于河水长年累月对河床的侵蚀，使得瀑布落水的地点不断向上游后退，导致瀑布的位置由龙门移到了壶口，形成了现在的壶口瀑布。

壮观的壶口奇景

壶口瀑布的高度一般在15 ~ 20米之间，在我国众多的瀑布中，壶口瀑布的高度并不算很高，但是，它的水量却是我国瀑布中最大的。巨量的河水，似银河决口，大海倒悬，无比壮观。数里之外，便可听到壶口瀑布轰隆隆的流水声，瀑布激起的团团水烟云雾，远远即可看见。

壮观的壶口奇景，不由得让人想起“黄河之水天上来，奔流到海不复回”的佳句，也让人对黄河充满景仰。一直以来，粗犷、深厚、庄严、豪放的黄河，是中华民族的象征，千姿百态、壮观无比的壶口瀑布更是黄河的代表。在这里，古今诗人和音乐家们奏出了一曲曲“黄河大合唱”，很令人鼓舞。

72变的瀑布

壶口瀑布的形态，会随季节而变化，景象万千。春回大地的时候，山桃花盛开，黄河冰岸消融，水量平稳，主瀑、副瀑连成一片，主瀑云雾弥漫，望副瀑万壑争流，观“龙槽”如巨龙掀浪，无比壮观。

夏季来临时，黄河进入汛期，河水水位抬高，减低了瀑布的原有落差，从而使过来的瀑布变成了一摊急流，河面宽广，波涛汹涌，极具特色。

每年 9 ~ 11 月份时，这时雨季刚去，河边有很多山泉小溪，汇集大量清流，秋风吹过，常有彩虹浮现，叫作“壶口秋风”。只见瀑布飞流直下时，升腾而起的水雾经阳光折射，形成了各种彩虹，从天际插入水中，如同游龙戏水，有时横贯水中，犹如彩桥，美轮美奂。这就是人们所说的“彩桥通天”。

叹为观止的地形

中国土地辽阔，拥有无数令人叹为观止的地形，包括山地、高原、平原、丘陵、盆地等，其中有些堪称中国之最的地形，下面就来盘点几处。

世界最高峰——珠穆朗玛峰

珠穆朗玛峰简称珠峰，尼泊尔称它为“萨加马塔峰”，它位于中国和尼泊尔交界的喜马拉雅山脉上，终年积雪。高达 8844.43 米的珠峰，为世界第一高峰。

山峰中的“金字塔”

珠穆朗玛峰呈巨型金字塔的形状，英姿勃勃昂首“天外”，山体地形极端陡峭，环境非常复杂。目前珠峰的高度为 8844.43 米，随着时间的推移，珠穆朗玛峰的高度还会由于地壳板块的运动而不断变化。

珠穆朗玛峰虽然是世界第一高峰，但是它的峰顶并不是距离地心最远的点。因为珠穆朗玛峰高大雄伟，所以激发起众多探险家强烈的征服欲望，希望能像破解金字塔之谜一样，将它征服。

知识链接

珠峰地区及其附近的气候变化多端，即使在一天之内，也往往变化万千，更不用说在一年之内了。另外，珠峰冰川的补给主要是印度洋季风带两大降水带积雪变质形成。珠峰冰川上有绰约多姿、秀丽稀见的冰塔林，又有高达数十米的冰陡崖和冰裂隙，还有冰崩雪崩区。

▲珠穆朗玛峰

一睹旗云风采

珠穆朗玛峰的旗云形状千姿百态，堪称世界一大自然奇观。

这种云彩好似是在峰顶上空飘扬着的旗帜，所以这种云被生动形象地称为旗帜云或旗状云。如果你能眺望珠穆朗玛峰，一定会感到奇美无比，无论那云雾之中雄齐的峰峦，还是那光彩夺目的冰雪世界，都引起了人们的兴趣。但最令人感兴趣的，一定还是飘浮在峰顶的旗云的风采。它有时像波澜壮阔的海浪，有时像战场上呼啸而过的战马，点缀了珠峰的雄奇风光。

世界最高的高原——青藏高原

青藏高原不仅是中国最高的高原，也是世界上最高的高原，有“世界屋脊”之称。

高山“大本营”

青藏高原总面积250万平方米，大部分在中国西南部，主要包括中国西藏自治区和青海省的全部，四川省西部、新疆维吾尔自治区南部，以及甘肃省、云南省的一部分。青藏高原事实上是由一系列高山组成的“大本营”，地理学家称

拓展阅读

神奇的天路

在青藏高原上有一条世界上海拔最高、线路最长的高原铁路——青藏铁路。不得不说，这是一条神奇的天路。该铁路东起青海省会西宁，沿青海湖北缘绕行至锡铁山，南折到柴达木盆地中的格尔木，而后南行攀上昆仑山，穿越可可西里，经过风火山、唐古拉山，进入西藏的安多、那曲、当雄，最后到达西藏自治区首府拉萨。青藏铁路是中国实施西部大开发战略的标志性工程，是中国新世纪四大工程之一。

它为“山原”。

青藏高原的山脉主要是东西走向和西北—东南走向的，南有喜马拉雅山，北有昆仑山和祁连山，西为喀喇昆仑山，东为横断山脉，还有唐古拉山、冈底斯山、念青唐古拉山等。青藏高原被这些山脉分隔成许多盆地、宽谷和湖泊。青藏高原还是亚洲许多大河的发源地，长江、黄河、澜沧江、怒江、森格藏布河、雅鲁藏布江以及塔里木河等都发源于此，养育了近30亿亚洲人口。

沧海桑田的见证

在2.8亿年前，青藏高原还是辽阔的海洋，这片海域被称为“特提斯海”“古地中海”。到了距今8000万年前，藏北地区和部分藏南地区也脱离海洋成为陆地。地质学上称该过程为“喜马拉雅运动”。距今一万年前，青藏高原以平均每年7厘米的速度上升，是世界上最年轻也是最高的高原。

中国最大的盆地——塔里木盆地

塔里木盆地位于中国西北部的新疆维吾尔自治区南部，周围由天山、帕米尔和昆仑山、阿尔金山环绕，是中国面积最大的内陆盆地。

资源丰富的盆地

塔里木盆地西部海拔1000米以上，东部罗布泊降到780米，面积为53万平方千米。由于处在大陆内部，高山阻碍湿润空气进入，所以极为干旱。只有叶尔羌河、和田河、阿克苏河等较大河流汇入塔里木河。

“塔里木”在维吾尔语中即河流汇集之意。旧时喀什噶尔河、渭干河等也汇入塔里木河，如今已断流。水源充足的山麓地带已发展为灌溉绿洲，著名的有库

▲青藏高原

尔勒、库车、阿克苏、喀什、叶城、和田、于田等。塔里木盆地是中国最古老的内陆产棉区。该地区瓜果资源丰富，著名的有库尔勒香梨、库车白杏、阿图什无花果、叶城石榴、和田红葡萄等。

中国地势最高的盆地——柴达木盆地

柴达木盆地位于青海省西北部，盆地略呈三角形，为中国三大内陆盆地之一。

盐的世界

从地理学上讲，柴达木盆地是封闭性的巨大山间断陷盆地，位于青海省西北部，被昆仑山脉、祁连山脉与阿尔金山脉所环抱，面积约 25 万平方千米。“柴达木”是蒙古语，翻译成汉语的意思是“盐泽”。

柴达木盆地地势由西北向东南倾斜，海拔自 3000 米降至 2600 米左右。地貌呈同心环状分布，

▲柴达木盆地

自边缘至中心，戈壁、粉砂质平原、粉砂粘土平原、淤泥盐土平原依次递变。地势低洼处盐湖与沼泽广布。河流主要分布在盆地东部，西部水网极为稀薄。盆地内湖泊水质多已咸化，共有盐湖20多个，食盐达600多亿吨，所以，柴达木盆地又被称为“盐的世界”。

风沙下的聚宝盆

柴达木盆地属于干旱沙漠，春秋雨季，盛行大风，受到西部昆仑山脉的阻碍，狂风在这里改变风向，同时风速下降，于是在这块带状地域沉积了很多的卵石和沙粒，景象荒芜。然而，狂风也造就了贝壳梁、芦苇船、雅丹等地貌奇观。

同时，柴达木盆地蕴藏着丰富的自然资源，这里不仅是盐的世界，还有丰富的石油、煤，以及多种金属矿藏，所以柴达木盆地有“聚宝盆”的美称。

中国陆地最低处——艾丁湖

艾丁湖在吐鲁番盆地南部，属于盐湖。湖面海拔低于海平面约154米，是中国最低的洼地，也是世界上的主要洼地之一。

美丽的月光之湖

艾丁湖处于吐鲁番盆地之中，是中国最低洼的地区，也是世界上仅次于约旦死海的第二低地。艾丁湖的形状是一个狭长的纺锤形，面积为245平方千米。这里气候干燥，年蒸发量是降水量的200倍，近年入湖水量大为减少，1958年湖水面积为20平方千米，之后只在盆地西部5平方千米范围内有积水。湖底以下约11米深范围内为含盐地层，据考证，艾丁湖在2万年前就已发展成盐湖。

艾丁湖在维吾尔语中是指月光湖，以湖中晶莹洁白的盐结晶得名，阳光下盐体闪闪发光，酷似寒夜晴空的月光。

真正的“死”海

由于艾丁湖是中国陆上最低点，所以称得上是中国的死海。然而，如今的艾丁湖湖底浅平，现仅西南部还有部分积水，水深不超过 1 米。湖水苦咸，矿化度达每升 210 克，大部分为氯化物。由于入湖水量不断减少，以及湖水长期蒸发、浓缩，在湖底与湖周形成了丰富的盐矿和芒硝矿，往日优美的湖光秀色，现已被湖滨干裂、起伏的盐包地和使人们难以接近的湖心淤泥盐沼泽代替。

拓展阅读

死海

死海位于约旦和巴勒斯坦交界，是世界上最低的湖泊，湖面海拔 -422 米，死海的湖岸是地球上已露出陆地的最低点。死海湖长 67 千米，宽 18 千米，面积约 810 平方千米。死海也是世界上最深的咸水湖，其最深处 380 米，最深处湖床海拔 -800 米，湖水盐度达 300g/L，为一般海水的 8.6 倍。死海的盐度高达 30%，也是地球上盐分居第二位的水体，只有吉布提的阿萨勒湖的盐度超过死海。